Sitzungsberichte

der

Heidelberger Akademie der Wissenschaften

Stiftung Heinrich Lanz

Mathematisch-naturwissenschaftliche Klasse

*) *Jahrgang 1921 erschien im Verlage von Carl Winters Universitätsbuchhandlung in Heidelberg.*

Im Verlag von Walter de Gruyter & Co. vormals G. J. Göschen'sche Verlagshandlung — J. Guttentag, Verlagsbuchhandlung — Georg Reimer — Karl J. Trübner — Veit & Comp., Berlin erschienen:

Abteilung A. Mathematisch-physikalische Wissenschaften.

Jahrgang 1922.

1. PERRON, OSKAR. Neue Summationsmethoden und Entwicklungen nach Polynomen. Reichsmark 0·30
2. PERRON, OSKAR. Über transzendente Funktionen auf RIEMANNschen Flächen. Reichsmark 0·60
3. BALDUS, RICHARD. Über die singulären Punkte reeller Parameterkurven. Reichsmark 0·50

Jahrgang 1923.

1. DEECKE, W. Mitteleuropäische Meeresströmungen der Vorzeit. Reichsmark 0·60
2. LIEBMANN, HEINRICH. Die LIE'sche Cyklide und die Inversionskrümmung. Reichsmark 0·40
3. PERRON, OSKAR. Über Gleichungen ohne Affekt. Reichsmark 0·40
4. LIEBMANN, HEINRICH. Beiträge zur Inversionsgeometrie III. Reichsmark 0·40
5. KRATZERT, J. Beitrag zur Kenntnis des Andesins von Bodenmais. Reichsmark 0·50

Jahrgang 1924.

1. TH. CURTIUS und A. BERTHO. Einwirkung von Stickstoffkohlenoxyd und von Stickwasserstoffsäure unter Druck auf aromatische Kohlenwasserstoffe. Reichsmark 0·50
2. LIEBMANN, HEINRICH. Umkehrung des Variationsproblems der ebenen Affingeometrie. Reichsmark 0·60
3. SALOMON, WILHELM. Die Intensitäten alluvialer und diluvialer geologischer Vorgänge und ihre Einwirkung auf die pliocäne Rumpffläche des Kraichgaues und Odenwaldes. Reichsmark 1·20
4. HEFFTER, L. Zur absoluten Geometrie. Reichsmark 0·60
5. VAN WERVEKE, L. Über die Entstehung der lothringischen Lehme und des mittelrheinischen Lößes. Reichsmark 1·50
6. KRULL, WOLFGANG. Die verschiedenen Arten der Hauptidealringe. Reichsmark 0·50
7. ROESER, ERNST. Übergang von der nichteuklidischen Streckentrigonometrie zur Winkelmessung. Reichsmark 0·30
8. WELLSTEIN, JULIUS. Zur Differentialgeometrie der isotropen Kurven. Reichsmark 1·50
9. EWALD RUDOLF. Die geodynamischen Erscheinungen des krystallinen Odenwaldes als Beispiel einer geoisostatischen Ausgleichsschwingung. Reichsmark 1·50
10. VOELCKER, ILSE. Über eine ganz junge Verwerfung bei Rauenberg im Kraichgau. Reichsmark 0·30
11. LIEBMANN, HEINRICH. Die Aufschließung von Differentialinvarianten. Reichsmark 0·50

[Fortsetzung siehe 3. Umschlagseite.]

*) Bestellungen auf solche Veröffentlichungen der math.-naturw. Klasse, welche früher im Verlag von Carl Winters Universitätsbuchhandlung in Heidelberg erschienen sind, nimmt auch der Verlag Walter de Gruyter & Co., Berlin, entgegen.

Sitzungsberichte
der Heidelberger Akademie der Wissenschaften
Mathematisch-naturwissenschaftliche Klasse
Jahrgang 1928. 16. Abhandlung.

Über Disthen-Andalusitparagenesen

Von

O. H. Erdmannsdörffer
in Heidelberg

Mit 2 Abbildungen und 1 Tafel

Berlin und Leipzig 1928

Walter de Gruyter & Co.

vormals G. J. Göschen'sche Verlagshandlung / J. Guttentag, Verlagsbuchhandlung / Georg Reimer / Karl J. Trübner / Veit & Comp.

Über Disthen-Andalusitparagenesen.

Das Vorkommen polymorpher Mineralmodifikation in gemeinsamer Paragenese stellt zweierlei wichtige Probleme:

1. Die Art der Verwachsung der Mineralarten,
2. Die Frage nach den Entstehungsbedingungen, die zu wirklicher oder scheinbarer Koexistenz zweier oder mehrerer Phasen verschiedenen Energieinhaltes führten.

In zahlreichen alpinen und außeralpinen Glimmerschiefern und verwandten Gesteinen treten pegmatitische oder reine Quarzlinsen auf, die durch die Führung des Aluminiumsilikates Al_2SiO_5 charakterisiert sind, wobei häufig mehrere Modifikationen dieser Substanz nebeneinander bestehen. Die Deutung dieser Paragenesen bewegt sich in zweierlei Richtungen:

1. Beide Phasen sind gleichzeitige Bildungen;
2. Die eine Phase ist aus der anderen unter Pseudomorphosenbildung entstanden.

Aus beiden Auffassungen ergeben sich oft weitreichende Schlüsse geologischer Art.

Im folgenden sollen einige Paragenesen erörtert werden, die speziell Andalusit und Disthen, untergeordnet auch Sillimanit, nebeneinander führen.

I. Typus Lisenz-Koralpe.

Dieser Typus, von dem besonders das Vorkommen von Lisenz im Sellraintal wohl in den meisten Sammlungen vertreten ist, wird von der Mehrzahl der Autoren als Pseudomorphose von Disthen nach Andalusit gedeutet. Neuerdings hat A. Kieslinger[1]) das Vorkommen von der Koralpe in Steiermark ausführlich beschrieben und diese Auffassung mit zwingenden Gründen belegt. Häfele[2]) hatte solche Paragenesen aus dem Pitztal als primäre Verwachsungen aufgefaßt, da in seinem Material stets beide Phasen zusammen auftraten, und gänzlich disthenisierte Beispiele ihm offenbar nicht bekannt waren.

Beim Typus Lisenz kann man jedoch vollständige Übergänge von reinem Andalusit bis zu reinen Disthenpseudomorphosen beobachten.

---

[1]) Sitzb Ak. d. Wiss. Wien I 136. 1917, 71, mit Angabe der wichtigsten Literatur.

[2]) Z f. Krist. 23 1892, 551.

Abb. 1.

Textabb. 1 zeigt ein Mittelglied: Das senkrecht zur negativen Bisektrix geschnittene farblose Andalusitprisma (110) umschließt einen pleochroitischen Andalusitkern, dessen optische Achsenebene gegen die Spur von (010) des Hauptindividuums um ca. 20° im Sinne einer Flächenlage *Okl* verdreht ist. Beide Andalusite werden gleichmäßig und ohne erkennbare Regel von Disthennadeln u. -büscheln durchspießt, die auch über deren Grenzen ungestört hinwegsetzen.

Abb. 1 auf der beigegebenen Tafel zeigt das Endstadium der Pseudomorphosierung: Disthenkristalle und -büschel füllen den gesamten Raum des Andalusitprismas aus, von dessen Substanz nichts mehr erhalten ist. Dabei scheint eine Anzahl von größeren Disthenen die Tendenz zu haben, sich mit der Richtung [001] parallel zu den *a*-*b*-achsen des Andalusites einzustellen, im übrigen besteht Lagenfreiheit. Zahlreiche Disthene liegen aber ganz regellos [1]).

Der Disthen ist nach Pleochroismus, optischer Orientierung und Brechungsvermögen eindeutig bestimmt. Zwillingsbildungen nach [010] oder [001] sind mehrfach beobachtet.

Das quarzreiche Nebengestein in Lisenz enthält auch Oligoklas, der gelegentlich Andalusit umschließt, ferner Biotit und Apatit.

Anhangsweise sei hier auf ein eigentümliches Vorkommen von Sillimanit bei Lisenz hingewiesen. Er tritt hier in langen, äußerst feinen Nadeln ($n > 1.64$, gerade Auslöschung, positiv) derart auf, daß er nicht nur die verschieden orientierten Andalusitindividuen, sondern auch die anstoßenden Oligoklaskristalle in streng parallel geordneten lockeren Zügen durchsetzt. Dieser letztere Umstand zeigt besonders deutlich, daß es sich hierbei nicht um gesetzmäßige Verwachsungen zwischen Andalusit und Sillimanit handelt, wie sie sonst von diesen Mineralien bekannt sind [2]).

[1]) Vielleicht beziehen sich schon die Beobachtungen von Fischer (Kritische mikr.-min. Stud. 1869, 60) auf diese Erscheinung, doch könnte auch Verwachsung mit Muskovit vorgelegen haben.

[2]) Vgl. Mügge, N. Jahrb. f. Min. B. Bd. 16 1902, 397, Bergeat, ibid. B. Bd. 30 1910 587 u. a. m.

II. Typus Landarenca.

Dem vortrefflichen Mineraliensammler Carlo Taddei in Bellinzona verdankt das min.-petr. Institut Heidelberg eine Anzahl von Andalusit-Disthenvorkommen von Landarenca im Val Calanca, Kanton Tessin.

Disthen findet sich hier in bis 6 cm großen nach (100) dünntafeligen Individuen in einem Gneisglimmerschiefer, ebenso in pegmatitischen Quarztrümmern, meist mit Andalusit zusammen, der aber auch für sich allein in groben Muskovitgraniten und muskovitreichen Quarztrümern auftritt, hier oft völlig verglimmert oder von Muskovitrosetten umgeben.

Von besonderem Interesse sind die außerordentlich innigen Verwachsungen von Andalusit und Disthen. Man sieht schon mit bloßem Auge, wie dünne Lamellen von rötlichem Andalusit mit solchen von blauem Disthen anscheinend parallel verwachsen sind. Spaltversuche ergaben, daß diese Andalusite zwischen (100)-flächen des Disthens liegen, wobei aber die beiderseits anstoßenden Disthenlamellen nicht immer streng parallel orientiert sind, so daß die Andalusite wie auch die Disthene schwach keilförmig gestaltet sind. Beide Arten von Lamellen keilen daher öfters im andern Mineral aus.

In einer Probe liegt ein etwa 5 cm langer Kristall, der die Form eines nach (100) abgeplatteten Disthens hat, aber äußerlich ganz aus rötlichem Andalusit besteht ($\gamma = 1.639 \pm 0.002$). Beim Durchschneiden zeigte sich im Innern ein ungefähr der Tafelfläche parallel gelagertes Aggregat von Andalusit-Disthenlamellen. Benachbarte, z. T. in direkter Berührung mit diesem Kristall stehende Disthene sind völlig andalusitfrei.

Wie Mügge[2]) betont, lassen sich aus den bisherigen Angaben über derartige Vorkommen keine exakten Vorstellungen über das Vorhandensein regelmäßiger Orientierung beider Kristallarten gewinnen. Ich versuchte daher an dem vorliegenden Material durch Messungen auf dem Fedorowtisch dieser Frage näher zu kommen.

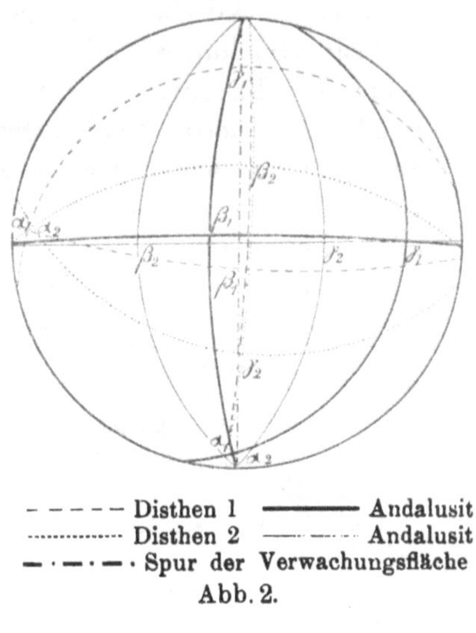

- - - - - Disthen 1 ——— Andalusit 1
.... Disthen 2 —— —— Andalusit 2
— · — · — · Spur der Verwachungsfläche

Abb. 2.

Textabb. 2 zeigt die Verhältnisse aus dem eben geschilderten großen Kristallaggregat in stereographischer Projektion. Der unter-

[1]) Mügge, a.a.O., 416.

suchte Schnitt ist ungefähr senkrecht zur Fläche (100) und parallel zur c-achse der Disthenform geführt.

Die verschiedenen Disthenlamellen des Aggregates haben die Senkrechte auf (100), die fast genau mit α der Indikatrix zusammenfällt, gemeinsam. Im übrigen liegen sie so, daß zwei benachbarte Lamellen zum Zonenkreis [011] mit einer Abweichung von + und − 3° symmetrisch liegen.

Die Andalusitlamellen liegen parallel zu (100) des Disthens, die Vertikalachse (= α der Indikatrix) in (100), senkrecht zur c-achse des Disthens, während im übrigen Lagenfreiheit herrscht.

In einem andern von Herrn Dr. Ernst gemessenen Präparat liegt c (= a) des Andalusites ebenfalls ungefähr in (100) des Disthens, bildet aber einen erheblich kleineren Winkel mit dessen c-achse.

Es liegt hier also keine kristallographisch eindeutig definierte Verwachsung beider Substanzen vor, wenn auch eine gewisse Regelung unverkennbar ist. Dies ist um so auffälliger, als nach den Größenverhältnissen der Identitätsperioden der zwei Kristallarten Parallelverwachsungen wohl als möglich anzusehen wären [1]).

Abb. 2 auf der Tafel gibt das zur Messung verwendete Präparat wieder. Einzelne Andalusitlamellen setzen sich, im Gegensatz zu den völlig einheitlichen Disthenen, häufig aus mehreren Teilindividuen verschiedener Orientierung zusammen. Die Andalusite 1 und 2 der Textabb. 2 stammen aus einer solchen Lamelle. Dies Verhalten hat sein Analogon mit dem inhomogenen Aufbau des Andalusites, den Abb. 1 (S. 4) zeigt, und stimmt mit den Angaben von Gramann [2]) über die von ihm als „zyklische Zwillingsbildung“ aufgefaßten sub-parallelen Verwachsungen alpiner Andalusite offenbar grundsätzlich überein.

Auch bei Landarenco finden sich solche Kristallaggregate von verschieden orientierten Andalusiten. Es ist nun häufig zu beobachten, daß die in Form feiner parallel gestellter Lamellen und Nadeln oder in Kristallskeletten auftretenden Disthene derartige Aggregate ohne Rücksicht auf die Korngrenzen quer durchsetzen. Abb. 3 auf der Tafel zeigt dies deutlich. Hier kann wohl von einer streng gesetzmäßigen Verwachsung nicht mehr die Rede sein, das Ganze erinnert mehr an schriftgranitische Durchdringung [3]).

---

[1]) Gottfried und Herlinger, Festschrift f. V. Goldschmidt Heidelberg 1928, 12 f.

[2]) a.a.O., 323.

[3]) Bei diesem Vergleich ist zu berücksichtigen, daß auch im Mikropegmatit bestimmte regelmäßige Beziehungen zwischen Quarz und Feldspat bestehen (Fersmann, Popoff, Eskola, Fennia 50 Nr. 27, 10 u. Nr. 34, 29).

In den pegmatitischen Adern ist außerdem sowohl Andalusit wie Disthen in Form wohlbegrenzter, einheitlicher Kristalle mit Quarz und Kalifeldspat verwachsen (vgl. die Tafel, Abb. 4 und 5), bisweilen auch unter starker Verzahnung.

Biotit in charakteristischen kleinen Fetzen findet sich wie in Quarz und Feldspat so auch in Andalusit und Disthen eingeschlossen. Der Quarz zeigt wechselnd starke undulöse Auslöschung, aber selten und untergeordnet Kornzerfall.

Was die Entstehungsweise dieser Paragenesen betrifft, so sind sich neuere Autoren (KIESLINGER[1]), STRECKEISEN[2])) darüber einig, daß die Bildungszeit des Andalusites in die Kristallisationsphase der sie umschließenden pegmatitischen Linsen fällt. Für die Pseudomorphosierung durch Disthen im Typus Lisenz-Koralpe nimmt KIESLINGER eine spätere Umprägung durch „Regionalmetamorphose", d. h. unter wesentlich statisch geänderten pt-Bedingungen an. Durchbewegung kommt nicht in Frage, die Verbiegung gewisser Pseudomorphosen ist postkristallin. Dieser Auffassung wird man nur zustimmen können.

Demgegenüber führen GRAMANN[3]) und STRECKEISEN[4]) die Disthenisierung der Andalusite auf alpin-tektonische Vorgänge zurück. Eine solche Auffassung ist für Vorkommen vom Typus Landarenca nicht annehmbar. Denn hier zeigt die Art der „schriftgranitischen" Verwachsung beider Mineralien und vor allem das gleichzeitige Auftreten von Disthen und Andalusit[5]) in den Pegmatitfeldspäten, daß ihrer beider Bildungszeit eben in die Pegmatitphase selbst fällt. Welche thermodynamischen oder stofflichen Bedingungen das ganz oder nahezu gleichzeitige Ausfallen beider Phasen aus einer Lösung ermöglichten, läßt sich bei unsern fehlenden Kenntnissen über die offenbar sehr träge verlaufenden Gleichgewichtsanpassungen innerhalb dieses Systems nicht angeben.

Durch den Nachweis primären Vorkommens von Andalusit und Disthen in isogenetischer Pegmatit-Paragenese wird auch in die Schilderungen mancher Autoren (GRAMANN, EISELE[6])) von der schrittweise zu verfolgenden Überführung von Andalusit in Disthenaggregate

[1]) a.a.O. 77. [2]) Schweiz. Min. u. petr. Mitt. 8, 1928, 140.

[3]) Vierteljahresschr. Naturf. Ges. Zürich 24. 1899, 302.

[4]) a.a.O. 140 Anm. 1.

[5]) Auch bei Lisenz umschließt der Pegmatitfeldspat Andalusit, ob auch Disthen, ließ sich an meinem Material nicht entscheiden.

[6]) Zeitschr. d. D. geol. Ges. 59, 1907, 131.

innerhalb dynamisch beanspruchter Gesteine ein gewisses Maß von Unsicherheit gebracht. Genau der von den beiden genannten Autoren geschilderte Effekt würde erzielt werden, wenn primäre Disthen-Andalusitaggregate unter nicht-diaphthoritischen Bedingungen[1]) tektonisch durchgearbeitet werden, zumal, wie GRAMANN angibt, reine Andalusite unter solchen Verhältnissen deformiert und zerrissen werden, ohne irgendwelche Neubildung von Disthen zu liefern.

Auch bei den von EISELE beschriebenen metamorphen Schiefern von Gaggenau habe ich mich an Hand reichen Materials[2]) nicht von einer solchen Umwandlung überzeugen können. Die Auffassung von KLEMM[3]) scheint mir auch durch die Einwendungen von KIESLINGER[4]) nicht widerlegt, da ein Unterschied hinsichtlich der Durchbewegung in den Andalusit und Disthen führenden Teilen der Gesteine aus den strukturellen Verhältnissen nicht ableitbar ist, und eben die Einwirkung derartiger Prozesse überhaupt problematisch erscheint.

Man wird daher Angaben über eine „dynamometamorphe" Entstehung von Disthen aus Andalusit nur mit Vorsicht übernehmen dürfen.

---

[1]) Daß Muscovit unter diaphthoritischen Bedingungen aus Andalusit und Disthen entsteht, ist bekannt. Doch wird man nicht alle Umwandlungen in dies Mineral so deuten dürfen (vgl. MÜGGE, Mikr. Physiogr. I. 2, 1927, 311). Die grobblätterigen Glimmeraggregate von Lisenz und Landarenco sind sicher unter statischen Verhältnissen durch die Einwirkung hydrothermaler alkalihaltiger Pegmatitrestlösungen auf die Tonerdesilikate entstanden, und wahrscheinlich gilt dies z. T. auch für die feinschuppigen muskovitischen Überzüge, die besonders der Andalusit führt.

[2]) Das Material verdanke ich z. T. der Liebenswürdigkeit von Herrn Baurat BILHARZ in Baden-Baden.

[3]) Zeitschr. d. D. geol. Ges. 68, 1916, Monatsber. 86.

[4]) a.a.O. 73.

Tafelerklärung.

Abb. 1. Pseudomorphose von Disthen nach Andalusit ⊥ *c* des Ausgangskristalles, Lisenz. Vergr. 10×.

Abb. 2. Verwachsung von Disthen (hell) und Andalusit (grau), Landarenca. Vergr. 15×.

Abb. 3. Disthenskelette durchsetzen verschieden orientierte Andalusite, Landarenca. Vergr. 15×.

Abb. 4. Andalusit (dunkelgrau) mit Disthen (oben und rechts) und Orthoklas (unten) in primärer Verwachsung, Landarenca. Vergr. 50×.

Abb. 5. Kalifeldspat (hellgrau, durch Muskovit getrübt) umschließt Kristalle von Andalusit (dunkel, ⊥ zur optischen Achse geschnitten) und Disthen (links unten), Landarenca, Vergr. 50×.

Alle Aufnahmen zwischen gekreuzten Nikols.

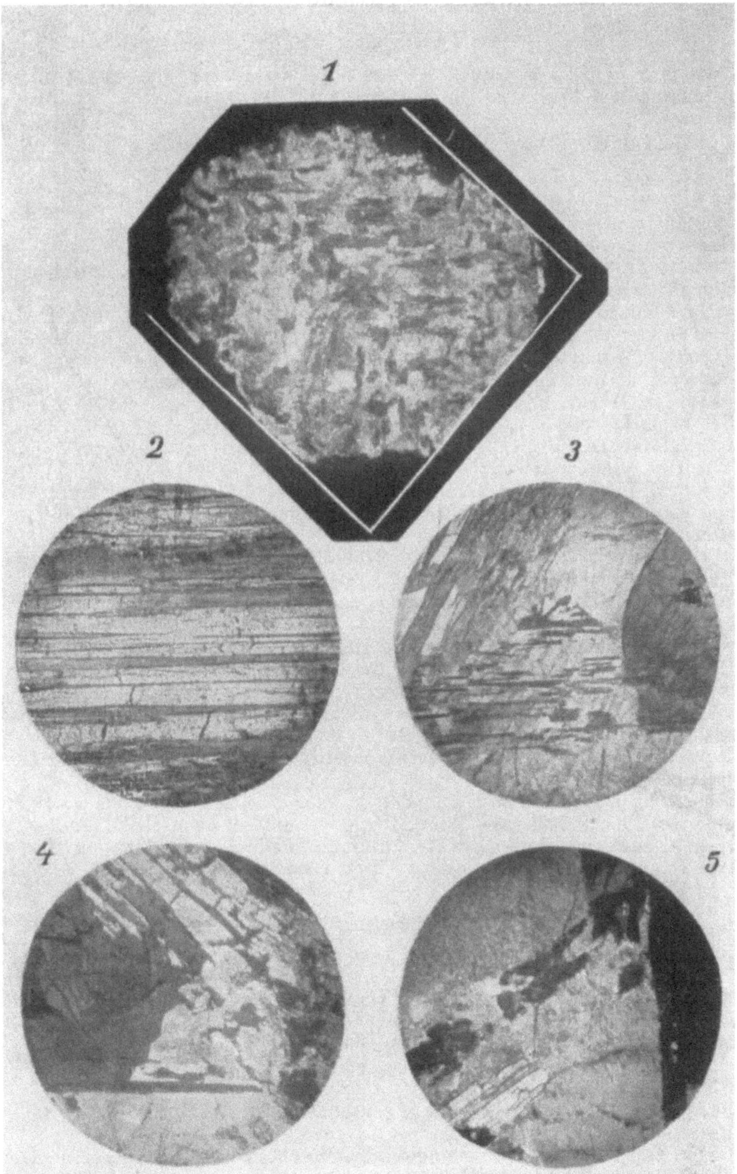
1
2
3
4
5

Abteilung B. Biologische Wissenschaften.

Jahrgang 1923.

1. KOSSEL, A. und R. E. GROSS. Über die Darstellung und quantitative Bestimmung des Arginins. Reichsmark 0·30

Von Jahrgang 1925 ab findet die Trennung in Abteilung A und B nicht mehr statt.

Jahrgang 1925.

1. HEFFTER, LOTHAR. Zur absoluten Geometrie II. Reichsmark 0·50
2. ROESER, ERNST. Die komplementären Figuren der nichteuklidischen Ebene. Reichsmark 0·50
3. FLADT, KUNO. Neuer Beweis f. d. Zuordnung von rechtwinkligem Dreieck und Spitzeck in der hyperbolischen Elementargeometrie. Reichsmark 0·30
4. SALOMON, WILHELM. Beobachtungen über Harnische. Reichsmark 0·70
5. LOEWY, A. Beiträge zur Algebra. 1—4. Reichsmark 1·—
6. HELLPACH, WILLY. 2. Mitteilung zur Physiognomik der deutschen Volksstämme. Reichsmark 0·30
7. LOEWY, ALFRED. Neue elementare Begründung u. Erweiterung der Galois'schen Theorie. Reichsmark 2·—
8. CURTIUS, THEODOR u. BERTHO, ALFRED. Einwirkung von Stickstoffkohlenoxyd und von Stickstoffwasserstoffsäure unter Druck auf aromatische Kohlenwasserstoffe. Reichsmark 0·40
9. ROESER, ERNST. Die gnomonische Projektion in der hyperbolischen Geometrie. Reichsmark 0·70
10. RASCH, G. Über die Ausnützung der Gezeiten des Meeres zur Energiegewinnung. Reichsmark 0·80
11. SALOMON, WILHELM. Magmatische Hebungen. Reichsmark 1·20
12. PÜTTER, A. Altersbestimmungen an Drachenbäumen von Tenerife. Reichsmark 0·90
13. VOLK, OTTO. Über geodätische rhombische Kurvennetze auf krummen Flächen, insbesondere auf Flächen konstanter Krümmung. Reichsmark 1·10
14. ROESER, ERNST. Die Fundamentalkonstruktion der hyperbolischen Geometrie. Reichsmark 1·40
15. RÜGER, L. u. RÜGER-HAAS, P. Palaeosemaeostoma geryonides v. Huene sp. eine sessile Meduse aus dem Dogger von Wehingen i. W. und Medusina liasica nov. sp., eine coronatenähnliche Meduse aus dem mittleren Lias von Hechingen i. Württemberg. Reichsmark 1·50

Jahrgang 1926.

1. KRULL, WOLFGANG. Theorie und Anwendung der verallgemeinerten Abelschen Gruppen. Reichsmark 1·70
2. KLEBS, GEORG. Über periodisch wachsende tropische Baumarten. Reichsmark 1·20
3. MÜLLER, MAX. Über die Oberfläche von Flächenstücken. Reichsmark 1·20
4. ERNST, MAX. Über Anlagen von Organen, die nicht zur Ausbildung gelangen. Reichsmark 0·50
5. ERNST, EMIL. Die optischen Eigenschaften des Andesins von Bodenmais Reichsmark 1·10
6. LIEPMANN, WILHELM. Leichengeburt bei Ichthyosauriern. Reichsmark 0·90
7. KLEBS, GEORG. Über die Längenperiode der Internodien. Reichsmark 2·40
8. JOST, L. u. v. UBISCH, G. Zur Windefrage. Reichsmark 0·80
9. SALOMON, WILHELM. Gibt es Gesteine, die für bestimmte Erdperioden charakteristisch sind? Reichsmark 0·30
10. ROESER, ERNST. Der reelle Übergang zwischen den beiden nichteuklidischen Geometrien und ihrem Parallelenbegriff. Reichsmark 1·20
11. SALOMON, WILHELM. Kugelförmige Absonderung. Reichsmark 0·80
12. SALOMON, Felsenmeere und Blockstreuungen. Reichsmark 0·80
13. SALOMON, Die Gruppendefinitionen in der Paläontologie. Reichsmark 0·90

Jahrgang 1927.

1. LOEWY, ALFRED. Neue elementare Begründung und Erweiterung der Galoisschen Theorie. Reichsmark 1·60
2. LIEBMANN, HEINRICH. Rhombische Geradennetze im Raum. Reichsmark 1·—
3. VOLK, OTTO. Über geodätische Dreiecknetze auf Flächen konstanten Krümmungsmaßes. Reichsmark 1·80
4. PÜTTER, A. Chemische Reizwirkung und Giftwirkung. Mit einem mathematischen Anhang: Ein Diffussionsproblem von E. TREFFTZ. Reichsmark 2·40
5. REMBS, EDUARD. Die Verbiegung des verlängerten Rotationsellipsoids. Reichsmark 1·60
6. MAYER, ADOLF. Naturwissenschaftliche Ästhetik. Reichsmark 0·90
7. MAYER, ADOLF. Naturwissenschaftliche Volkswirtschaftslehre. Reichsm. 0·80
8. BAER, R., KAPFERER, H., KRULL, W., SCHMIDT, F. K. Beiträge zur Algebra. Nr. 5—10. Reichsmark 6·20
9. MÜLLER, MAX. Über die Eindeutigkeit der Intregale eines Systems gewöhnlicher Differentialgleichungen und die Konvergenz einer Gattung von Verfahren zur Approximation dieser Integrale. Reichsmark 2·50
10. FREUDENBERG, KARL. Intramolekulare Umlagerung optisch-aktiver Systeme. Reichsmark 1·—
11. ROESER, ERNST. Abbildung der hyperbolischen Ebene auf die Kugel mittels der Beziehung zwischen Lot und Parallelwinkel. Reichsmark 1·—
12. RÜGER, L. Die direkte gebirgsgetreue Übertragung der auf dem Universaldrehtisch gewonnenen Messungsergebnisse gebirgsorientierter Schliffe in das Diagramm. Reichsmark 1·20
13. JOST, L. Elektrische Potentialdifferenzen an der Einzelzelle. Reichsmark 1·90

Jahrgang 1928.

1. RÜGER, L. Einige Bemerkungen zur Darstellung tektonischer Elemente, insbesonders von Klüften und Harnischen. Reichsmark 1·20
2. HERBST, CURT. Untersuchungen zur Bestimmung des Geschlechts. Ein neuer Weg zur Lösung des Geschlechtsbestimmungsproblems bei Bonellia viridis. Reichsmark 1·50
3. MERTON, HUGO. Untersuchungen über die Entstehung amöbenähnlicher Zellen aus absterbenden Infusorien. Reichsmark 2·20
4. BAER, REINHOLD. Zur Einordnung der Theorie der Mischgruppen in die Gruppentheorie. Reichsmark 2·20
5. BAER, REINHOLD. Über die Zerlegungen einer Mischgruppe nach einer Untermischgruppe. Reichsmark 1·50
6. ROESER, ERNST. Komplementäre Körper der beiden nichteuklidischen Geometrien. Reichsmark 1·—
7. KRULL, WOLFGANG. Primidealketten in allgemeinen Ringbereichen. Reichsmark 1·10
8. SALOMON, WILHELM. Geologische Beobachtungen des Leonardo da Vinci. Reichsmark 0·90
9. LIEBMANN, HEINRICH. Die Sätze von Lie und Gambier über Kurven eines Linienkomplexes. Reichsmark 0.90
10. MERZ, K. W. Über den Wirkungsantagonismus von Blutkörperchen und Serum bei chemisch faßbaren biologischen Vorgängen. Reichsmark 1·20
11. MÜHLBACH, R. Über Raumkurven in der Möbius'schen Geometrie. Reichsmark 1·20
12. ERNST, PAUL. Wurzeln der Medizin. Reichsmark 1·50
13. MAYER, ADOLF. Naturwissenschaftliche Apologetik des Christentums. Reichsmark 1·60
14. BAER, REINHOLD. Beiträge zur Galoisschen Theorie. Reichsmark 1·80
15. SALOMON, WILHELM. Neue geologische Beobachtungen im Baitonegebiet des Adamello. Reichsmark 0·90
16. ERDMANNSDÖRFFER, O. H. Über Disthen-Andalusitparagenesen. Reichsm. 1·20

Druck: Hermann Böhlaus Nachfolger Hof-Buchdruckerei G. m. b. H. Weimar.

FSC
www.fsc.org
MIX
Papier | Fördert
gute Waldnutzung
FSC® C083411

Zeitfracht Medien GmbH
Ferdinand-Jühlke-Straße 7
99095 Erfurt, Deutschland
produktsicherheit@kolibri360.de